探索未知 改变世界

科学大爆炸

从洞穴到宇宙

岩石与矿物

U0155779

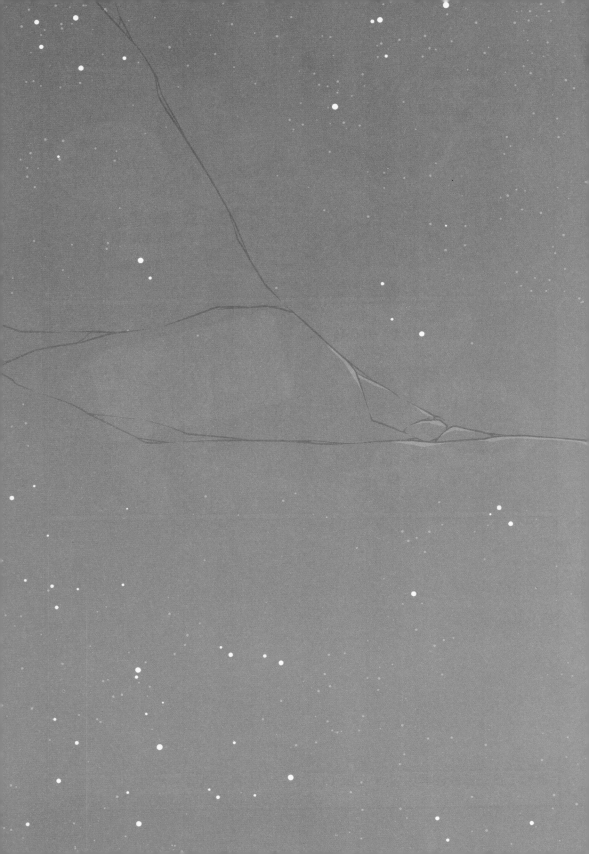

探 索 未 知 改 变 世 界

科学大爆炸

从洞穴到宇宙

岩石与矿物

[美]安迪·赫希 文图

周 挺 译

贵州出版集团 贵州人民出版社

本书插图系原文插图

SCIENCE COMICS: ROCKS AND MINERALS: Geology from Caverns to Cosmos by Andy Hirsch
Copyright © 2020 by Andy Hirsch
Published by arrangement with First Second, an imprint of roaring Brook Press, a division of Holtzbrinck Publishing
Holdings Limited Partnership
All rights reserved.
Simplified Chinese translation copyright © 2022 by Beijing Dandelion Children's Book House Co., Ltd.

版权合同登记号 图字：22-2022-041

审图号　GS京（2022）0884号

图书在版编目（ＣＩＰ）数据

从洞穴到宇宙：岩石与矿物 /（美）安迪·赫希文
图；周挺译. -- 贵阳：贵州人民出版社，2022.10（2024.4 重印）
（科学大爆炸）
ISBN 978-7-221-17225-9

Ⅰ. ①从… Ⅱ. ①安… ②周… Ⅲ. ①岩石学—少儿
读物②矿物学—少儿读物 Ⅳ. ①P58-49②P57-49

中国版本图书馆CIP数据核字(2022)第159014号

KEXUE DA BAOZHA
CONG DONGXUE DAO YUZHOU：YANSHI YU KUANGWU
科学大爆炸
从洞穴到宇宙：岩石与矿物
［美］安迪·赫希　文图　周　挺　译

出 版 人　朱文迅　策　　划　蒲公英童书馆
责任编辑　颜小鹂　执行编辑　崔珈瑜　装帧设计　曾　念　王学元　责任印制　郑海鸥

出版发行　贵州出版集团　贵州人民出版社
地　　址　贵阳市观山湖区中天会展城会展东路SOHO公寓A座（010-85805785　编辑部）
印　　刷　北京利丰雅高长城印刷有限公司（010-59011367）
版　　次　2022年10月第1版
印　　次　2024年4月第4次印刷
开　　本　700毫米×980毫米　1/16
印　　张　8
字　　数　50千字
书　　号　ISBN 978-7-221-17225-9
定　　价　39.80元

如发现图书印装质量问题，请与印刷厂联系调换；版权所有，翻版必究；未经许可，不得转载。
质量监督电话　010-85805785-8015

前 言

对于地质学家来说，一块岩石绝不仅仅是一块岩石。一块岩石是一个讲述了千百万年神奇故事的终点，这个故事等待着合适的人不期而至，解密，并将其分享出去。

回顾我的生活，特别是我的童年，似乎是地质学选择了我。我最美好的也是印象最深刻的记忆，是和家人一起去美国加利福尼亚州洛杉矶的拉布雷亚沥青坑游玩。我清楚地记得自己隔着玻璃看到古生物学家们正细致地挖掘许多冰河时期的化石。我央求父母从礼品商店给我买件纪念品，然后成功地得到了一个剑齿虎的犬齿模型。这个纪念品与我的一份生日礼物——菊石化石，成了我最珍视的物品。在后来的岁月里，它们一直被摆放在我书架上十分显眼的位置。

这次旅行坚定了我长大后成为一名古生物学家的愿望。当其他孩子畅想成为消防员、医生或摇滚明星时，我想象着自己拿着锤子和凿子挖掘已经灭绝很久的恐龙和其他史前动物的遗骸。像其他很多人一样，我长大后没有实现年少时的梦想，但我离那个梦想很近。虽然我并没有把发掘未知化石作为自己探索世界的途径，但我作为一名地质学家，将古生物学研究作为揭秘地球历史的一种有效方式。古生物学是我们用来了解周围世界的工具和科学原理之一。这本书里的女主角赛多娜也利用了同样的工具和科学原理，来解读小助手沃利带来的有关岩石的地质历史。

爸爸在教我打水漂的时候讲过一个故事，他年轻时曾从纽约州斯卡纳特利斯湖湖边的地里拽出过分层的黑色岩石。这些岩石是扁平状的，用来打水漂非常完美。它们在被拽出来后，很多古海洋生物化石也随之显露。层层叠叠中，人们发现里面藏着三叶虫、史前蠕虫、鹿角珊瑚以及早在数百万年前就从陆地上消失了的其他海洋生物的化石。我对这个故事记忆犹新的是，爸爸居然这么容易就接触到了化石和海洋环境的遗迹，这看起来多么不可思议啊。那个地区现在只有陆地和湖泊，怎么可能出现那种情况呢？

　　我年少时，一家人曾去内华达州拉斯维加斯城外的红岩峡谷旅行。绵延不绝的红色和橙色悬崖是我和爸爸的绝佳游乐场。我们乐此不疲地玩着一个游戏——在悬崖上越爬越高，站在下面的妈妈和弟弟担心不已。我还记得我把脸贴在悬崖边上，抚摸着起伏的层层岩石，想着它看起来真像沙滩上被风吹拂着的沙；而且，那会儿我正在沙漠的中心地带，却连一个沙丘都没看到。这怎么可能呢？

　　直到中学时我才开始深入地了解地质学，加之后来进入罗格斯大学的地质学专业学习，我才找到了这些问题的答案。我详细了解了板块构造、地层学、沉积学、地质年代学和古生物学，就像我学习了新的语言，突然间我就可以"阅读"周围的世界了。根据地层学原理和板块构造学理论，我明白了大陆可以在地球表面移动，创造出新的地貌。曾经的海底现在变成了山峰，我们可以通过研究当今地貌形成的过程，从而了解过去的岩层和沉积环境。

　　你知道吗，地质学家和其他科学家已经在世界各地发现了大约5400种矿物，而且每年还会发现30—50种新的矿物！这些矿物组合起来形成了数量惊人的不同类型的岩石。事实上，岩浆岩学家，也就是专门研究岩浆岩的地质学家，已经命名和描述了700多种岩浆岩！有人可能会认为，地质学家已经发现了我们星球上所有未知的岩石和矿物，但这与事实相差甚远。由于风化、侵蚀和板块运动，地球不断变化，新的地表不断暴露出来，这为积极探索的地质学家提供了绝佳的研究机会。

　　更重要的是，由于无法到达深海海底并扫描、拍照，我们还无法探索地球上的很大一部分地区。根据美国国家海洋和大气管理局的数据，地球上超过95%的海洋和大约99%的海底还没被探索，这相当于大约有3.43亿平方千米的未知领域。

此外，科学家们掌握的火星和月球的地图甚至比部分海洋的地图更加精确。例如，我们可以利用高分辨率的卫星给火星表面直径10—20米或者更大的物体拍照。相比之下，我们对海洋某些部分的地图绘制比例只能达到1:50 000，这意味着在那些区域尺寸小于50米的物体，我们都无法看见，也不能绘制出来。

我说了这么多，其实是想说我们还有很多工作要做。世界需要更多像赛多娜和沃利这样的地质学家走出去，解开深藏在地质记录中的奥秘。这些地质学家不仅能帮助我们发现新的岩石，还能帮助我们发现维持地球运转所需要的矿物资源和化石燃料，以及保障人们生存所需的水资源。随着人类不断扩展自身的疆域，地质学家将引领国际科学家团队探索新的行星和卫星的表面。

请安静地坐下来，慢慢欣赏这个故事，然后走出去，发现你自己的岩石故事吧！

——劳伦·内茨克·阿达莫博士
地质学家，罗格斯大学地质博物馆

嗯，这是什么？

我干得不错吧？

唔……

我可是花了好几个礼拜的时间，搜寻到了附近最古老的石头，终于用绝顶聪明的地质学脑袋证明了自己！

唔

好吧，今天你至少说对了一半。

啊

坐好，小鬼。我来跟你说说这块石头有什么样的故事。

哦，天哪！终于等到了！

这个故事从大约
137亿年前开始。

"亿"？
你在逗我吗？

你要是开玩笑的
话，我可要走了。
你不用这么敷衍。

我干吗
要跟你
开玩笑？

我的意思是，
1亿不是编出来的
数字吗？就像兆亿、
吉亿之类的？

1亿确实是个很大
的数字，很难想象
它到底有多大。

我们画点来
表示。要画1亿个点，
先从1个点开始。画1
个点很简单。

那么100个呢？
100个点看起来就
很"多"了。

大爆炸标志着宇宙的开端。万物都从一个点开始。

在这个时候，
"万物"还只是一团奇怪的小颗粒，很小很小。

它们变成了最早的原子，属于3种元素：

一些
氦元素，

极其微量的
锂元素，

还有大量的
氢元素。

元素是组成所有物质的化学成分。
包括你，也是由元素组成的！

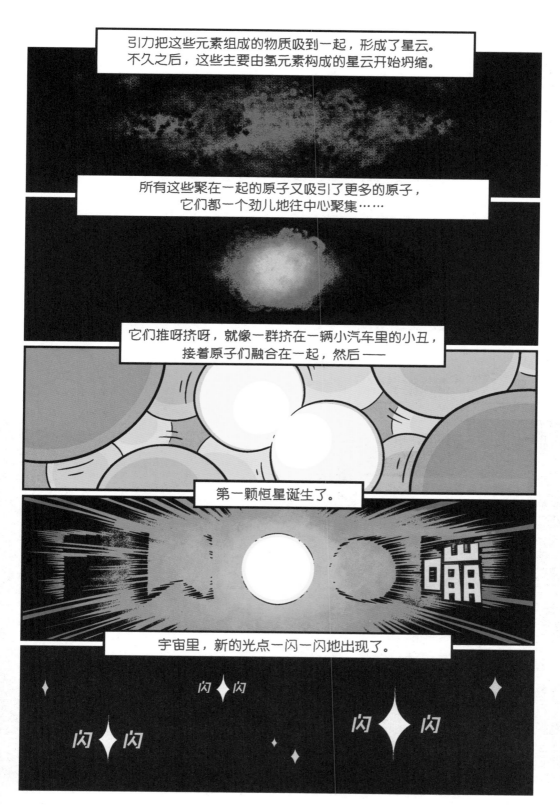

引力把这些元素组成的物质吸到一起，形成了星云。
不久之后，这些主要由氢元素构成的星云开始坍缩。

所有这些聚在一起的原子又吸引了更多的原子，
它们都一个劲儿地往中心聚集……

它们推呀挤呀，就像一群挤在一辆小汽车里的小丑，
接着原子们融合在一起，然后——

第一颗恒星诞生了。

宇宙里，新的光点一闪一闪地出现了。

闪 闪

闪 闪

闪 闪

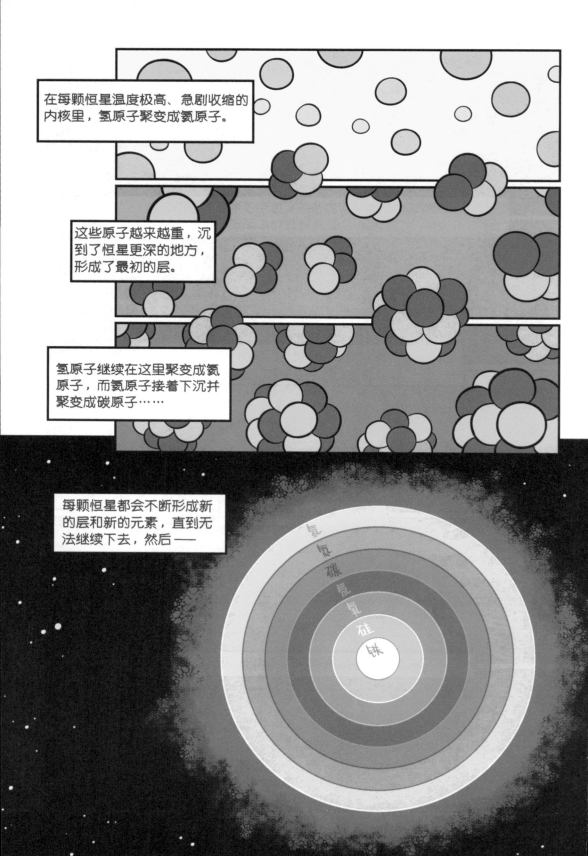

在每颗恒星温度极高、急剧收缩的内核里，氢原子聚变成氦原子。

这些原子越来越重，沉到了恒星更深的地方，形成了最初的层。

氢原子继续在这里聚变成氦原子，而氦原子接着下沉并聚变成碳原子……

每颗恒星都会不断形成新的层和新的元素，直到无法继续下去，然后——

它变成了**超新星**。

爆炸时，有更多的元素形成。所有物质都被炸到了太空里，它们继续结合，成为最早的**矿物**——纯净、天然的晶体。

镁和硅生成了橄榄石，品质最好的叫贵橄榄石。

铝和氧生成了刚玉，也就是我们熟悉的红宝石和蓝宝石。

普通的碳原子相互结合生成了金刚石。

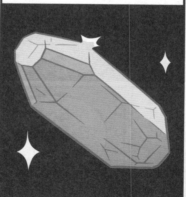

在这个布满宝石的宇宙里，恒星不断闪烁着出现、消失，无尽循环。新的元素、矿物和成分不断涌现，新的景象随之出现。

差不多在46亿年前（4个半10层书架上所有本子上的点也没有46亿个 —— 假如每层书架上放100个本子，每个本子里有100万个点），在一个平凡星系的一个平凡的旋臂上，一颗平凡的恒星被点燃了。

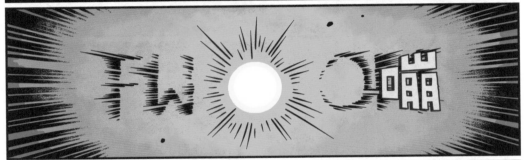

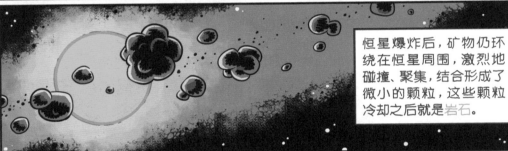

恒星爆炸后，矿物仍环绕在恒星周围，激烈地碰撞、聚集，结合形成了微小的颗粒，这些颗粒冷却之后就是岩石。

你找到的这块球粒陨石就是由那些颗粒组成的。

它……
已经有大约46亿岁了？

我……
是……

我是有史以来最伟大的地质学家！

只是运气！

什——什么？

过去有几百万块球粒陨石撞击了地球。现在也有哦！很多陨石是在沙漠里找到的……

所以我是个冒牌货。

唉！抱歉，浪费你的时间。我走了。

故事刚开始变得有点意思，你就要走了吗？

你是说我还有希望？

噢，赛多娜！

这块岩石的年龄比这儿其他岩石都大。它的故事结束，其他岩石的故事才刚开始。

还记得吗？我们刚刚讲到一颗恒星，有很多球粒陨石围绕着它旋转。它们因为引力和偶然的碰撞，慢慢地聚集在一起。

其中比较大的叫星子，它还不是行星。

当星子聚集到足够大，在内部压力和放射性元素衰变的共同作用下，它内部的热量越来越高，对其他小星子的吸引越来越强。

小星子在它周围形成又消失，碎裂或被撞碎，各种岩石成分不断地组合。这颗大星子越变越大。

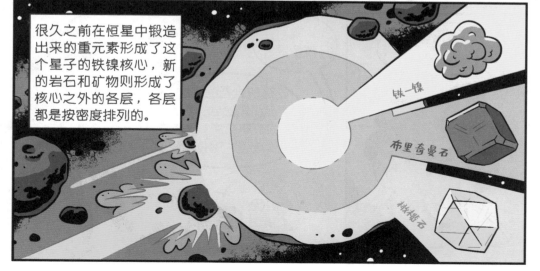

很久之前在恒星中锻造出来的重元素形成了这个星子的铁镍核心，新的岩石和矿物则形成了核心之外的各层，各层都是按密度排列的。

铁—镍

布里奇曼石

榄橄石

密度表示在一个空间里物质的质量大小。

一个很大的空间里有很少的物质，它的密度一点也不大。

但同样数量的物质聚在一个很小的空间里，它的密度就会很大。

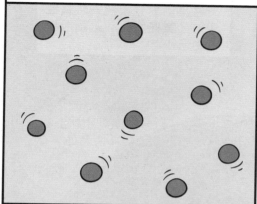

密度大的物质会沉到密度小的物质下面。

嘿！我的球粒陨石！

呃……

所以啊，如果知道一颗星子是由哪些矿物组成的，就能了解它的结构了。

随着这些星子不断积聚更多物质，其中一些变成了行星。太阳系里的第三颗行星和我们的关系最密切。

一些基础成分按照天然属性组成了某些物质，这颗行星就由这些物质构成。

在一个拥有几千亿颗恒星的星系里，在一个拥有几千亿个星系的宇宙里，肯定有很多像它一样的行星，但它是我们最了解的。

它就是早期的地球。不过现在它差不多有46亿岁了。

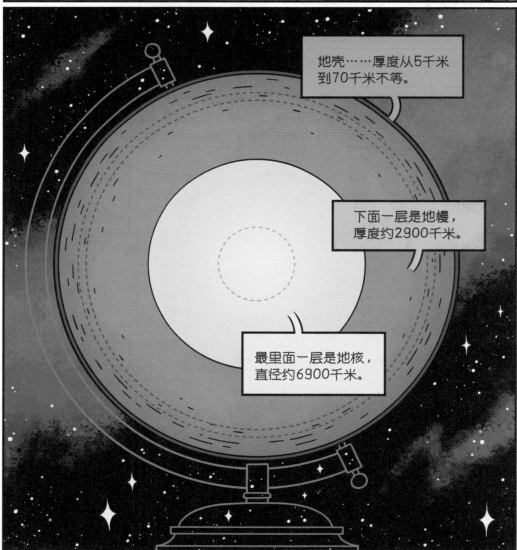

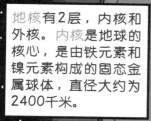

地核有2层，内核和外核。内核是地球的核心，是由铁元素和镍元素构成的固态金属球体，直径大约为2400千米。

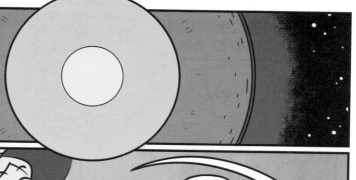

它的温度高达6000℃，和太阳表面的温度差不多！

噢……

千万别摸！

啪

地核不仅温度很高，压力也很大。地核的上面压着很多岩石，每平方厘米承受着将近330万千克的压力。想象一下用一只手托着4000头大象是什么感觉，你就大概能理解了。该去锻炼了，对吧？

嘟

嘟

嘟

嘟

压扁

那压力对地核有什么影响呢？这就得从物质的状态说起。大多数物质在液态时会膨胀，占据的空间比固态时大。它们熔化后，就会变得更大。

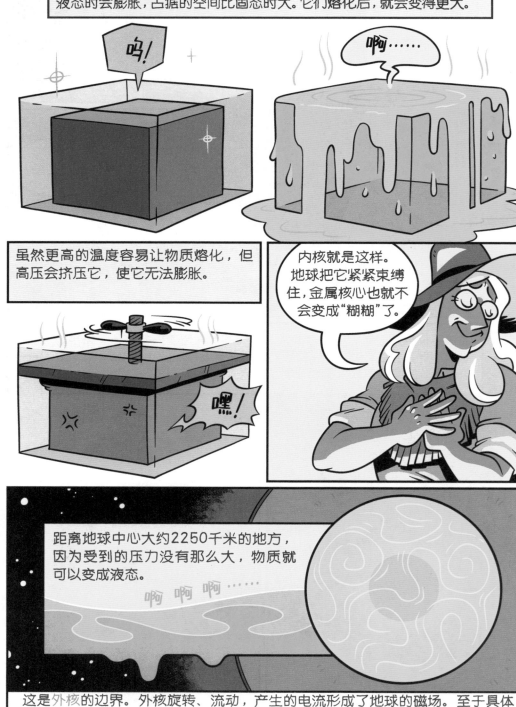

虽然更高的温度容易让物质熔化，但高压会挤压它，使它无法膨胀。

内核就是这样。地球把它紧紧束缚住，金属核心也就不会变成"糊糊"了。

距离地球中心大约2250千米的地方，因为受到的压力没有那么大，物质就可以变成液态。

啊 啊 啊……

这是外核的边界。外核旋转、流动，产生的电流形成了地球的磁场。至于具体是怎么形成的，我们之后会看到。

再往外，我们就到了地幔，它有3层：上地幔、地幔过渡带和下地幔。

地幔不像外核（它由不同的物质组成），外核温度很高，压力更大，因此地幔仍然是固态岩石。它非常坚固，但很有塑性。

呀！软软的石头！

地幔每一层都很独特，有塑性的上地幔、薄薄的地幔过渡带和宽阔的下地幔都有各自特征明显的矿物。

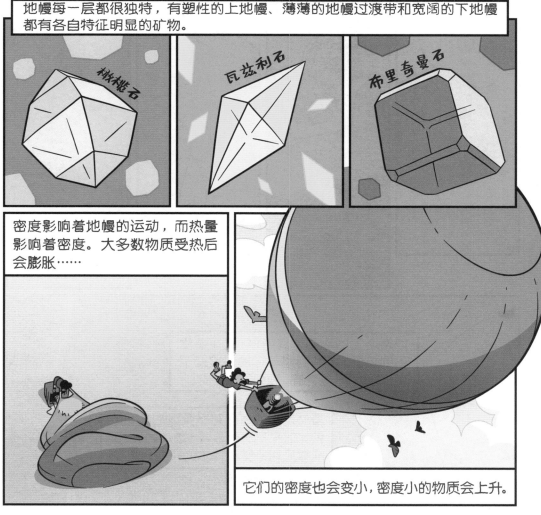

橄榄石

瓦兹利石

布里奇曼石

密度影响着地幔的运动，而热量影响着密度。大多数物质受热后会膨胀……

它们的密度也会变小，密度小的物质会上升。

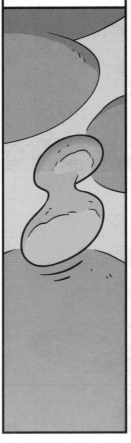

来自地核的热量让地幔受热膨胀。岩石反反复复地受热、上升……

冷却、下沉……

受热、上升……

冷却、下沉……

这就是地幔对流。地幔就像地球咕噜咕噜蠕动的胃。

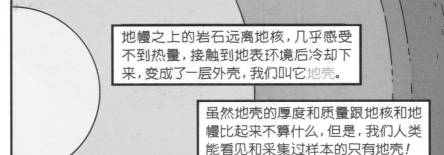

地幔之上的岩石远离地核，几乎感受不到热量，接触到地表环境后冷却下来，变成了一层外壳，我们叫它地壳。

虽然地壳的厚度和质量跟地核和地幔比起来不算什么，但是，我们人类能看见和采集过样本的只有地壳！

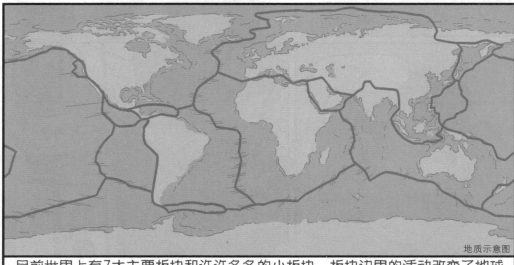

目前世界上有7大主要板块和许许多多的小板块。板块边界的活动改变了地球的面貌，你绝对想象不到这种变化有多大。

板块在离散边界（通常在海洋深处）分裂。分裂处的压力降低，下面地幔中的岩石熔成了岩浆，岩浆填满板块间的空隙，形成了带有高耸的大洋中脊的新地壳。

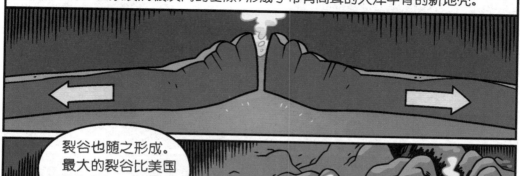

裂谷也随之形成。最大的裂谷比美国的科罗拉多大峡谷还大呢！

喷出地表的岩浆叫作熔岩。它迅速冷却，形成了坚硬的外壳。因形状像枕头，故称"枕状熔岩"。

它只是看起来冷却了，其实内部……有更多的熔岩正在聚集。

只要熔岩流动，看起来圆鼓鼓的枕状熔岩就会找到外壳上薄弱的地方，一次又一次地逃出来。

也许我会抱着它午睡。

啊，新鲜的玄武岩！
约占地球表面70%的海洋的底部几乎都由玄武岩组成。它属于岩浆岩。由岩浆凝固而成的岩石称为岩浆岩。

快变冷！
快变冷！

这么说来，你还真有点像岩浆岩呢，小鬼。刚进入地质学的新人！

呀，快住手！

大多数新岩石都是在板块边界上形成的。

新的海床以每年大约2.5厘米的速度移动。这个过程很缓慢，但确实在发生。不过，对于岩石来说，这个速度已经很快了！

大洋中脊的玄武岩会用岩石内的磁铁矿记录地磁场。当岩石主体冷却后，这些磁铁矿就会指向北方，就像指南针的指针一样。

要注意哟，地磁上的北方并不总是地理上的北方。大约平均每隔50万年，北方……就会变成南方。

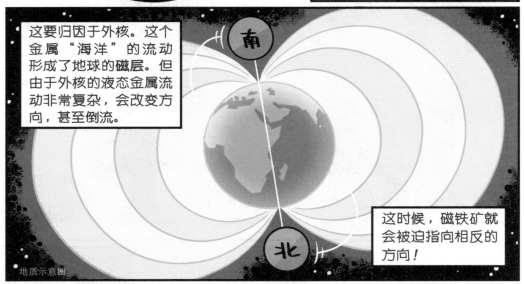

这要归因于外核。这个金属"海洋"的流动形成了地球的磁层。但由于外核的液态金属流动非常复杂，会改变方向，甚至倒流。

这时候，磁铁矿就会被迫指向相反的方向！

地质示意图

如果你测量一下海底岩石的磁场方向，就会发现大洋中脊两侧的磁条带是对称的。磁条带显示海底扩张的速度。一条指向"北方"，下一条指向"南方"，再下一条又指向"北方"……

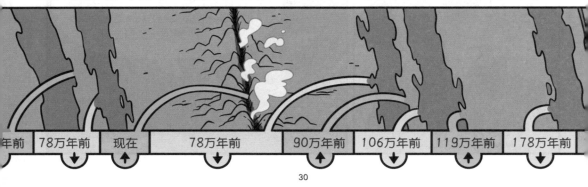

| 年前 | 78万年前 | 现在 | 78万年前 | 90万年前 | 106万年前 | 119万年前 | 178万年前 |

如果离散边界那里的岩浆一直喷发，地球会变大吗？

门儿都没有！为了平衡新地壳的"生长"，在另一种板块边界——汇聚边界附近，地壳不断消亡。

汇聚边界的两个板块相向移动而发生碰撞时，它们的密度决定了一切——谁胜出就留在顶部，谁输掉就会下沉，从而形成了俯冲带。

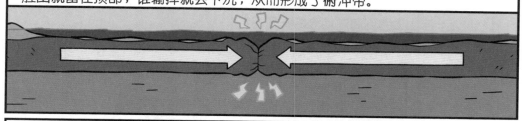

你一定能猜到，密度小的岩石会留在顶部，而老的海洋地壳冰冷、湿润，密度大且重，所以会在俯冲带下沉。

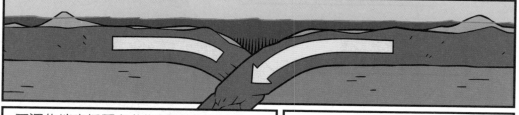

下沉的地壳把更多的海洋地壳往下拖，形成了巨大的海沟，比如西太平洋的马里亚纳海沟。

就算把珠穆朗玛峰扔进马里亚纳海沟，峰顶离海底还有2000多米呢！

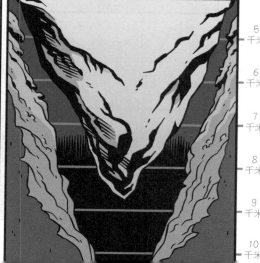

5 千米

6 千米

7 千米

8 千米

9 千米

10 千米

向下俯冲的海洋地壳温度升高，受到的压力也增加了。这个过程中，虽然玄武岩中有一些矿物能留下来，但其他的矿物很快就会流失。

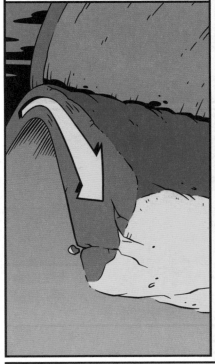

向下俯冲的玄武岩会失去一些矿物，是因为压力增加时其熔点降低了。

这些矿物结合起来形成了新的岩浆，岩浆冷却后形成了新的岩石。

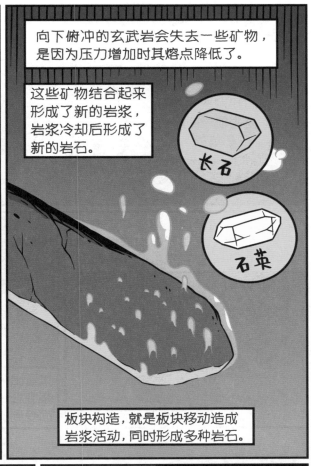

长石

石英

板块构造，就是板块移动造成岩浆活动，同时形成多种岩石。

花岗岩是这种方式形成的主要岩石之一。它是一种深成岩，也就是说它是由地下深处的岩浆形成的。它的密度相对较小，大多都"漂浮"到地幔之上。

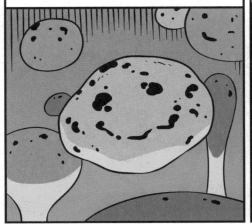

所以我们可以"释放"一些玄武岩，它熔化而流失的矿物形成花岗岩，花岗岩一上升，我们就抓住它！

花岗岩到达地表可是要花很长很长时间哟！

不过，并不是所有岩浆岩都这么慢。俯冲作用还会创造出火山岩。它们和深成岩不同，是由地表的熔岩形成的。

呼呼……我不介意……

呼呼……慢点走……

呼呼……用深成岩的速度……

随着俯冲的海洋地壳里的矿物慢慢流失，地壳在海洋里像块海绵一样吸的水也被挤压了出来。

挤压出来的水使地幔岩石熔融，产生的岩浆会往上升，聚集到一个岩浆房里。当里面受到的压力足够大时——

它就会爆发！

啊！

火山常常出现在俯冲带。火山熔岩会形成不同的岩石，这取决于生成熔岩的岩浆中有些什么矿物。

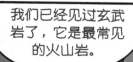

我们已经见过玄武岩了，它是最常见的火山岩。

咕噜咕噜

别说了，快逃跑！

形成黑曜岩的熔岩混浊而黏稠，里面满是长石和二氧化硅。黑曜岩冷却太快，无法形成大的晶体，不过它像玻璃一样闪亮。

小鬼，你看起来很累啊！

浮石主要由长石和石英组成。它看起来像海绵，是因为它冷却的时候里面有气泡。而且它非常轻，可以浮在水面上。

能漂浮的石头？

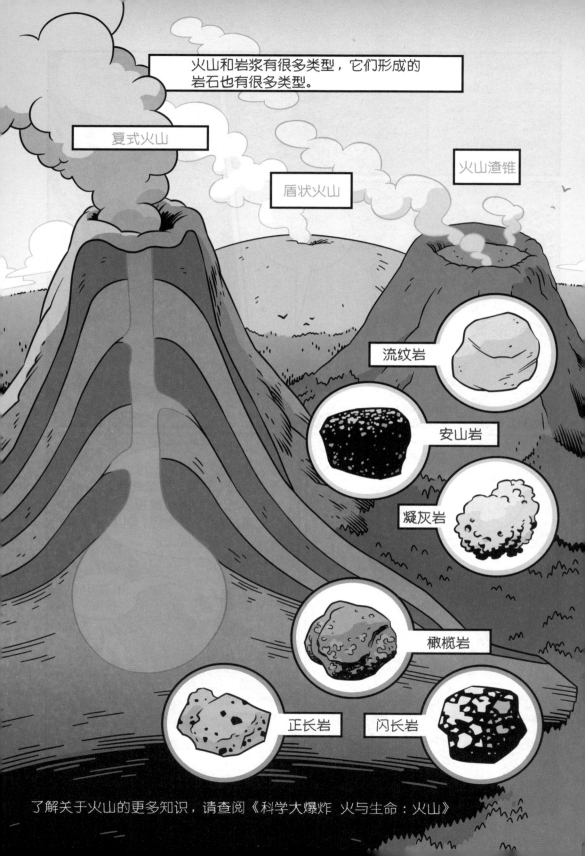

也有一些火山并不在俯冲带附近形成，如火山岛夏威夷群岛就位于太平洋板块的中间。

地质示意图

那里的火山由热点形成。热点是指地幔和地核边界的岩浆柱活动，形成的一个岩浆喷发点。当板块像传送带一样途径热点时，就会出现新的火山，形成新的岛屿。

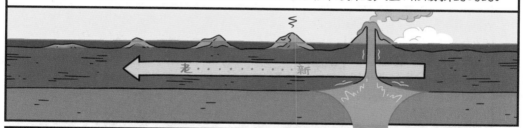

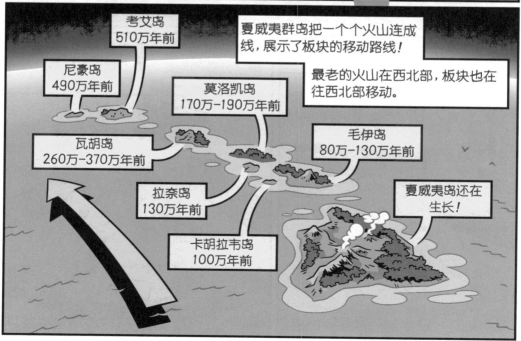

考艾岛
510万年前

尼豪岛
490万年前

莫洛凯岛
170万-190万年前

瓦胡岛
260万-370万年前

拉奈岛
130万年前

卡胡拉韦岛
100万年前

毛伊岛
80万-130万年前

夏威夷群岛把一个个火山连成线，展示了板块的移动路线！

最老的火山在西北部，板块也在往西北部移动。

夏威夷岛还在生长！

火山给地表带来了新的物质——花岗岩，它是构成大陆地壳的基础。

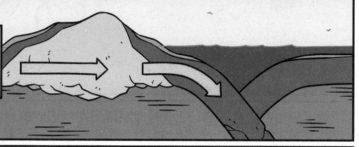

这个新形成的大陆地壳会随着我们见过的海洋地壳一起移动。

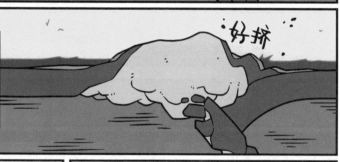

但因为大陆地壳的密度比海洋地壳的密度小，所以大陆地壳不肯在俯冲带处下沉到地幔里！它们很顽固！

两个大陆在汇聚边界相互缓慢地对抗——

谁都没有让步。岩石撞在一起，在两个原本分离的陆地边界上推出了山脉。

＊配图采取了艺术夸张手法

小块的大陆地壳在板块附近漂移……

很像球粒陨石聚集成星子……

或像河上的浮木聚到一起……

好险！

砰

砰

砰

在几千万年的时间里，这些小块的大陆地壳聚集到更大的大陆上，使大陆越来越大，最终拼拼凑凑地把海岸线连在了一起。

还有一种边界：**转换边界**，也就是两个相邻板块做相对平移运动的边界。

圣安地列斯断层就是一个著名的例子，它是太平洋板块和北美板块滑动形成的。

它约有1280千米长！

咔咔

咔咔

现在的加利福尼亚

太平洋

北 东

西 南

天哪！那整个海岸都会断裂掉进海里，是吗？

哈！才不会这么突然呢。毕竟，那个断层已经向北挪了很长很长时间了。

轰隆

嘿哟

嘿哟

嘿哟

地质示意图

事实上，几亿年之后，它会撞上阿拉斯加半岛！

40

离散边界的地壳扩张，产生了正断层，一部分地壳在这里下降。

汇聚边界的地壳压缩，产生了逆断层，一部分地壳被向上推起。

转换边界的平移运动产生了走滑断层。

通常，断层面不是光滑的，两侧的地壳会卡在一起，累积的张力越来越大，直到岩石无法承受。

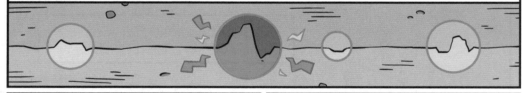

这意味着，断层可能一年内，甚至很多年里都不怎么移动……

然后突然一下子就"跳"个好几米远！

里氏震级很科学,能精确到小数位。而另一种计算地震烈度的单位——麦加利地震烈度表则更容易理解,它有12个烈度等级,不是用装置测量的,而是由人工测量的。

比如,1级地震只有最敏感的人才能觉察到。

是我的灵魂在震动吗?

2

3

4级地震会把睡眠很轻的人吵醒。

唔?
不穿裤子就不能演讲……

5

6

7

8级地震时,不结实的房子会被震倒。

成交。

9

10

11

12级地震时,地面会遭到破坏,物体会被抛到空中。

哇!
好强的气流!

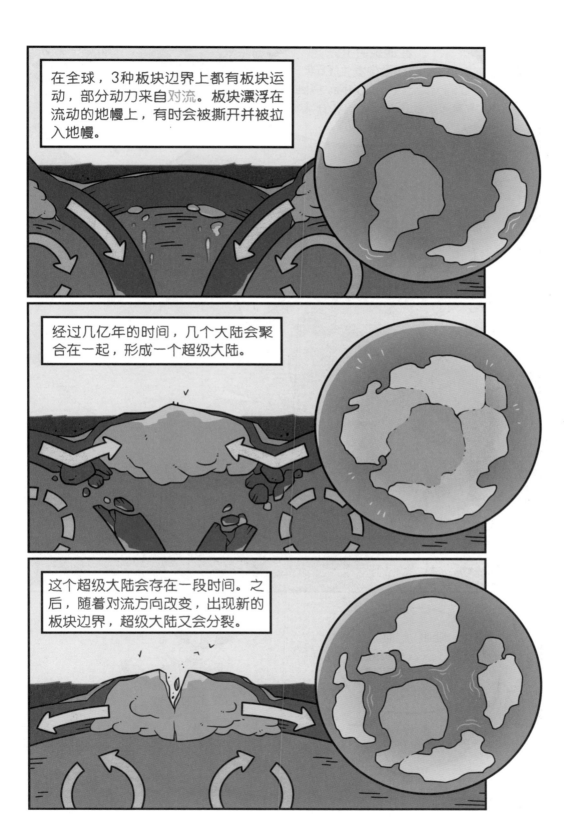

在全球，3种板块边界上都有板块运动，部分动力来自对流。板块漂浮在流动的地幔上，有时会被撕开并被拉入地幔。

经过几亿年的时间，几个大陆会聚合在一起，形成一个超级大陆。

这个超级大陆会存在一段时间。之后，随着对流方向改变，出现新的板块边界，超级大陆又会分裂。

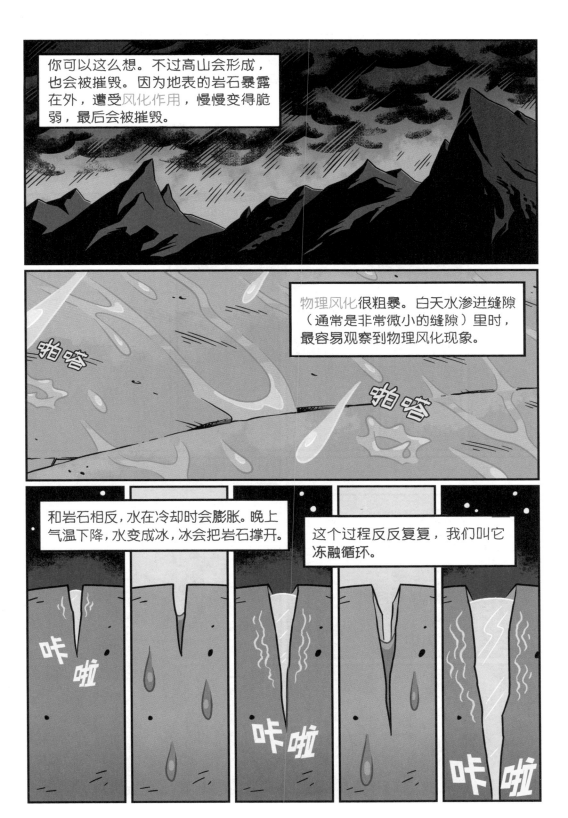

你可以这么想。不过高山会形成，也会被摧毁。因为地表的岩石暴露在外，遭受风化作用，慢慢变得脆弱，最后会被摧毁。

物理风化很粗暴。白天水渗进缝隙（通常是非常微小的缝隙）里时，最容易观察到物理风化现象。

啪嗒

啪嗒

和岩石相反，水在冷却时会膨胀。晚上气温下降，水变成冰，冰会把岩石撑开。

这个过程反反复复，我们叫它冻融循环。

咔啦

咔啦

咔啦

盐风化作用是一种类似的物理循环，但是不需要冻结。水里通常会有一些盐分，当水挥发之后，盐分就会留下来。

慢慢地，盐晶累积起来，受热膨胀，就会导致岩石破碎。这在干燥的地区特别常见。

盐风化会把岩石变成奇怪的蜂窝状。

甚至还会让岩石爆炸！

它也导致岩石受到物理风化作用的损害。

化学风化作用的影响比较微弱，但同样也会分解岩石。比如常见的雨水和氧气都能分解矿物或者把它们变得不那么坚硬。

酸雨能把普通长石变成黏土。

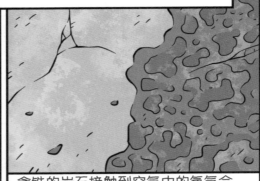

含铁的岩石接触到空气中的氧气会生锈。

生物会对岩石产生生物风化。一些藻类和细菌会"吃"岩石。

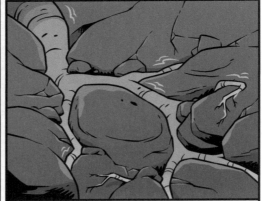

植物在岩石的小缝隙里生根，根慢慢长大，小缝隙随之变成大缝隙。

风化作用虽然会把岩石变弱，但岩石还在原地。

侵蚀作用就没这么温和了。它不仅会磨蚀、摧毁岩石，还会把岩石碎片弄得到处都是。

吹风真舒服，是吧？

是呀。

太舒服了。

哎哟！

噢！我眼睛里进东西了！

可能是沙子。

啊，好痛！

想象一下，你要是几十亿年以来一直忍受着这样的折磨，会是什么感受。

你可能觉得风吹不倒岩石，但风里如果带有坚硬的颗粒，威力就会变大。

还有，如果风磨掉一小块岩石，那风的威力就更大了。

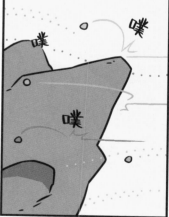

噗

噗

嗵

即使是那些很重的鹅卵石，就算不会被风刮飞，也会被刮得在地上打滚，互相撞来撞去，产生破碎的小石子。破碎的小石子就被风刮跑了。

几千年的侵蚀可以把岩石打磨成高高的柱子、奇异的拱门，还能在它们表面上打磨出光滑的波纹。去干燥的地区看看，你就会发现风蚀作用特别明显，那里到处都是散落的沙砾。

别动，我把它冲出来。

噢，水，你永远都不会伤害我。

唔，水也是很厉害的侵蚀物哟。

别侵蚀我！

拜托，你觉得我有时间这么干吗？

我觉得要——

下雨了？

谢谢你提醒我。

喂，怎么样？跟风比起来，水能让你跑得更快吧。

雨水和洪水把松散的岩石碎块冲到地势较低的地方，同时，带着沙砾的水会侵蚀接触到的一切。

海洋里有很多水，侵蚀作用也很强。

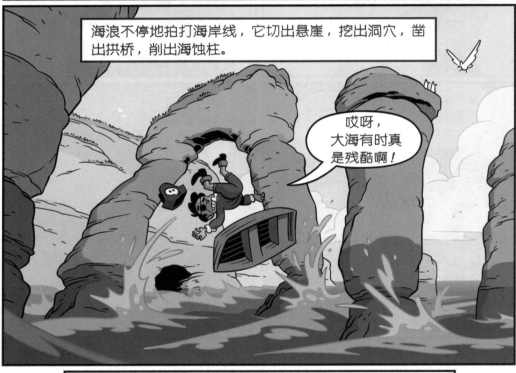

海浪不停地拍打海岸线，它切出悬崖，挖出洞穴，凿出拱桥，削出海蚀柱。

哎呀，大海有时真是残酷啊！

河流就很专一了，它们会在流淌的途中不停地挖上几百万年。

但我们可不像河流那么有时间。我好像瞅见这个山脊上有什么东西。

为什么我当初想做野外考察啊？

天哪！

是漂砾！它明显不属于这里。

一定是侵蚀作用把它带到这里的，对吧？

但风可吹不动它。

小雨也办不到。

就算是特大洪水也没法把它冲到这儿来！

你说得没错。这是怪兽干的。

你的包装得下吗？

开慢点！

只有最强劲的侵蚀力量才能让沉重的岩石像面包屑一样撒得到处都是。

轰隆隆隆隆

这里不像河床那么蜿蜒曲折……

轰隆隆隆

因为这是挖出来的。

这些山是挖出来的？不会吧……

你知道"岩石收集"吗？一条前进中的冰川会把路上的一切——从鹅卵石到漂砾都抓起来。

它拖着这些东西，一路凿出长长的划痕和沟槽，我们管它们叫冰川擦痕。

白天时，冰川会融化，融水导致冰劈作用①，进一步削弱周围的岩石。

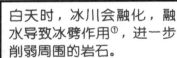

冰川退缩后，在意想不到的地方留下了它携带的岩石。如果你想象不出来是什么东西挪动了石头，那很有可能就是冰川。

① 岩石中的空隙或裂隙中的水频繁地结冰又融化，使得裂隙不断扩大，最后导致岩石崩裂成岩屑。

赛多娜？

赛多娜。

咔

咔

咔

那只是一些剥落物。

剥落是物理风化中的一种。岩石长期被掩埋，会因为温度变化而膨胀。

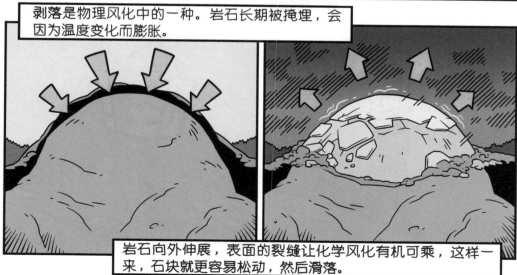

岩石向外伸展，表面的裂缝让化学风化有机可乘，这样一来，石块就更容易松动，然后滑落。

最大的影响通常在其他风化和侵蚀作用发生过后。

咔

嚓

那么坚固的大石头就留下来这么一点东西吗？这也太惨了？

我倒认为它成为这些被侵蚀的小石子，这些沉积物，是新的开始。

真的吗？

嗯……这个过程通常需要很长时间。不过，你正在见证一个全新的地质家族——沉积岩的诞生。

和来源于岩浆的岩浆岩不同，这些沉积岩是由地球表面已经存在的物质沉积成的。它们经历得更多，是100%回收利用旧材料形成的。

碎屑岩是由岩石"残骸"被压实或胶结在一起形成的一种沉积岩。经过很多年的层层堆积，每层岩石里都充满了信息，比如它们是由什么生成的，它们是怎么来到现在的位置的。

沉积岩的矿物构成完全是由它的来源决定的。我们已经在岩浆岩中看到了下面这些物质，所以它们也会在这些岩石的后代中出现。

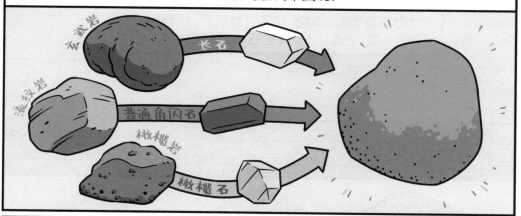

石英性质稳定，是最常见的沉积矿物之一。其他矿物都被侵蚀，而它留下来了。这意味着，跟含有大量其他矿物的岩石比起来，主要由石英颗粒构成的岩石可能更加古老。

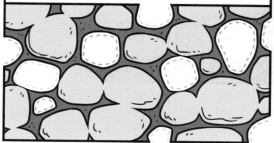

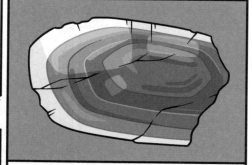

有一种矿物比石英还古老，那就是锆石。极少的沉积岩里含有大约44亿年前的锆石晶体！

岩石碎屑在水里的沉积由其大小和重量决定。在湍急的水流中，只有较大的碎屑能沉淀下来。

在缓慢的水流中，较小的碎屑也能沉淀下来。

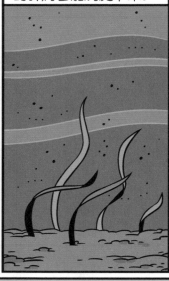

在静止的水中，就连最细的泥沙都能沉淀下来。

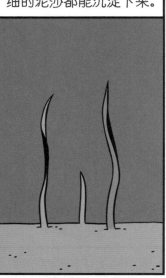

沉淀物层层堆积，掩埋、挤压着最底层，所有物质全部胶结在一起，形成了一整块岩石——碎屑岩。

泥岩是由黏土颗粒组成的，因为颗粒太小，所以肉眼无法分辨。

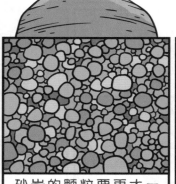

砂岩的颗粒要更大一些，颗粒的直径能达到2毫米。

砾岩是由浑圆的、大块的岩石碎块组成的。这三种岩石都属于碎屑岩。

还记得我们的老朋友冰川抓什么就带走什么吗？

它带走的东西会变成冰碛岩，这种沉积岩，在冰川随处可见。

蒸发岩也来自水里，但和碎屑岩的形成不同。水里可能溶解了各种各样的矿物，水蒸发之后，这些矿物就留了下来。

留下来的矿物沉积物变成了石膏、方解石、岩盐和其他矿物。岩盐的另一个名字更常见，叫作石盐。

唔，这块矿物真好吃！

另一类沉积岩很神奇，它们是由生物体堆积而成的。

我有部分是石头？！

噢，你也是有相同的成分。

岩石和生物都已经存在很久很久了。地球上的生命物质一开始主要存在于矿物中。

我们往往认为植物捕获的太阳能是食物链的基础，但情况并不总是如此。

在海洋深处，整个生态系统完全依赖于地质资源：来自矿物的化学能量和连接地球内部的深海热液喷口释放的热量。

生命也许起源于岩石。

当然，最终生命还是来到了陆地上。大约3亿年前，地球上遍布沼泽，到处长着低矮植物。

啊啊啊!

这个时期还没有进化出白蚁和类似的分解者，因此死掉的植物都等待着被水底沉积物掩埋。

这些植物在地表之下很深的地方被压实和加热，通过生物化学的沉积作用，形成煤炭。

煤炭会向大气中释放有害物质，因此最好还是让它待在地下。

其他生物化学岩来自从水中分离出来的矿物，但是形成方式和蒸发岩完全不同。

海洋生物的外壳成分是矿物 —— 方解石和文石，这些海洋生物的外壳最终会留在海底。

它们被海浪打碎……

被海里的压力压碎……

然后胶结在一起……

形成石灰岩。

极小的海洋浮游生物的外壳也非常小，能够形成颗粒细小的粉末状白垩。

×10,000

化石是古生物的遗体或遗迹变成的石头，主要存在于沉积岩中。

碎屑岩堆积过程并不总是缓慢的。它们常常会在灾难性的风暴、泥石流和洪水的爆发中，一下子移动堆积多年的物质而形成。

不难想象，这时一些可怜的生物来不及反应就被带走，并被迅速掩埋。

我们可能也会变成这样?!

将来我们可能也会大有用处哟。

就像这样?!

当然。我们还能通过沉积岩里的化石追踪板块运动过程。

就以中龙为例吧。它是一种生活在淡水中的小型爬行动物，存活于约3亿年前。

发现的化石证明，它曾生活在今天的南美洲南端。

但也有说法称，它还曾生活在今天的非洲南端。

但现代地图显示，这两个栖息地相隔几千千米，小小的中龙可游不了这么远！

地质示意图

史前地质示意图

我来看看，我已经有球粒陨石、火山岩中的玄武岩、深成岩中的花岗岩、沉积岩中的石灰岩……

唔，我还没有……

没有什么？

喂，我保证我只是对地质学感兴趣，行吗？所以，嗯……嗯……

大点声。

我们能去找些金子吗？

沃利，我太失望了！我还以为你真的热爱地质学，结果你只是为了金子。

我才不是！

不是吗？难道你想找金子只是因为它很好看吗？

是的！我想问，它是一种岩石、矿物或是别的什么？

唔……好吧。

太好了！

既然你只是觉得它很好看，那找到后就由我保管吧。

不！

金、银、铜、锌……它们并不是真正的矿物，因为它们都是单一元素。这些元素的原子散布在地壳中，含量很低，它们需要特定机制的"帮助"，才能富集起来。

它们溶解在水里，来自地幔的热量使得水能够在地壳的空隙和裂缝中循环。这些超级热的水会渗入地壳，吸收地壳中的稀有元素的原子。

水冷却后会和更高处的岩石相互作用，释放出刚吸收的那些东西。

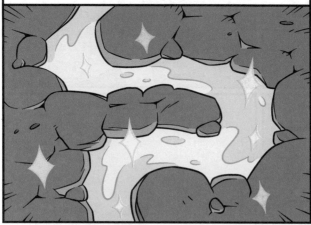

只要释放出来的东西足够多，就会形成矿脉。

天哪！形成概率有50%，对吗？

当然，其他矿物也会形成矿脉。

锵

黄铁矿
（愚人金）

我的脑袋
……

想不起来
了……我忘了
什么吗？

我不记得
笑点了！

赛多娜，
你还好吗？

吸气……呼气
……吸气……

嘿，赛
多娜。

我看到你了，
沃利。
吸气……
我只是不喜欢
这个地方。

我们在
哪儿？

呼……

我们在一个
溶洞里。

嗯，这一切。

是从水的作用开始的。

水本身和石灰岩的化学反应并不强烈，但它有两个同伙：二氧化碳和腐烂的有机物。

大气里的二氧化碳能溶到水里，生成碳酸。

腐烂的有机物释放出的硫化氢等物质也能使水酸化。

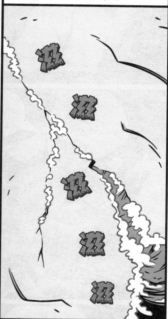

这些酸性物质慢慢地溶解石灰岩，使它的裂缝一点点变大。渐渐地……

渐渐地……

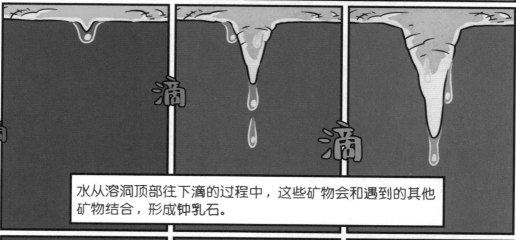

水从溶洞顶部往下滴的过程中，这些矿物会和遇到的其他矿物结合，形成钟乳石。

水滴到地面后，也会在地面上形成与钟乳石相对的石笋。

真正壮观的洞穴需要漫长的时间才能形成。猛犸洞是世界上最长的洞穴，长度超过640千米。

库鲁伯亚拉洞穴是世界上最深的洞穴，深度大约有2200米。

韩松洞是世界上最大的洞穴，最高处达200多米、最宽处150米。洞顶坍塌后形成了缝隙，阳光能穿过缝隙照到地下的丛林。

溶洞里常常会有溪流，甚至湖泊。只有溶洞有出口，里面的水才会流出去。

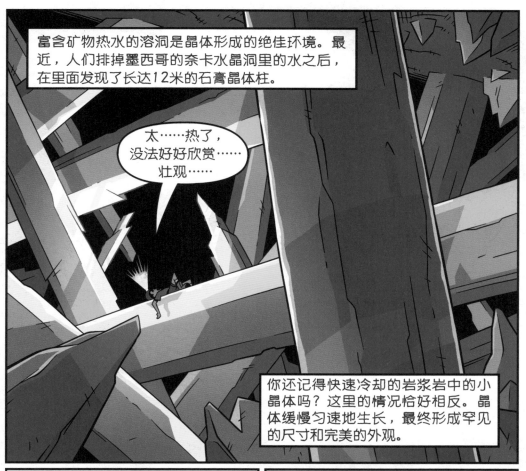

富含矿物热水的溶洞是晶体形成的绝佳环境。最近，人们排掉墨西哥的奈卡水晶洞里的水之后，在里面发现了长达12米的石膏晶体柱。

太……热了，没法好好欣赏……壮观……

你还记得快速冷却的岩浆岩中的小晶体吗？这里的情况恰好相反。晶体缓慢匀速地生长，最终形成罕见的尺寸和完美的外观。

矿物的晶体形状是由它的化学结构决定的。例如，微小的绿柱石分子是简单的六边形。

大的绿柱石晶体也保持着六方柱外观。做好准备，晶体看起来可能很奇怪哟……

石头才不介意待在地底下呢。它们肯定很喜欢这里。

它们可能还想："太酷了，我就想一直在下面待着。做块石头真好。"

你知道地面的岩石会移动，也知道地幔里的岩石会翻腾，但不知道它在地面和地幔之间会发生什么，对吧？

快说吧。这样我就不会再去想变成骷髅的事儿了。

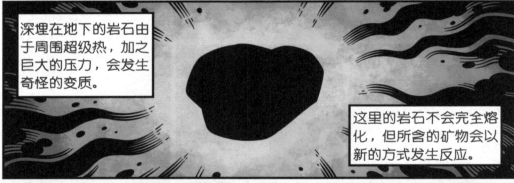

深埋在地下的岩石由于周围超级热，加之巨大的压力，会发生奇怪的变质。

这里的岩石不会完全熔化，但所含的矿物会以新的方式发生反应。

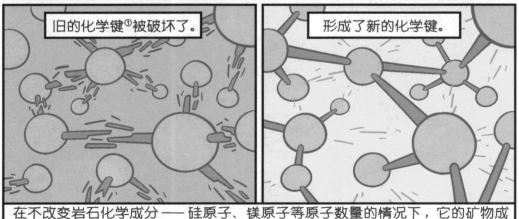

旧的化学键①被破坏了。

形成了新的化学键。

在不改变岩石化学成分 —— 硅原子、镁原子等原子数量的情况下，它的矿物成分完全可以发生变化。

① 化学键：存在于原子之间的，能使两个或更多的原子结合成分子的相互作用。

这样一来，埋在地下的岩浆岩和沉积岩会消失，变成变质岩。

同一种岩石，因埋在地底的深度不同，承受的温度不同，会形成不一样的矿物。我们能从某些矿物身上了解到促成这些变化的条件。

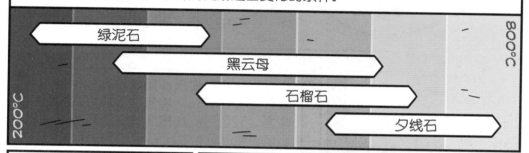

800°C

200°C

绿泥石

黑云母

石榴石

夕线石

埋藏变质作用可以发生在多个阶段。例如，随着岩石被埋藏得越来越深，泥岩会先变成板岩，再变成片岩，最后变成片麻岩。

一大片岩石一起发生变质作用，就像山脚下的岩石，我们称为区域变质作用。在这种强大的压力之下形成的变质岩特征非常明显，外观是条纹状或层状的。

岩石受热，但受到的压力不变的情况下，就会发生接触变质作用。由于岩石没有被压扁，因此没有出现层状结构。

这在侵入岩周围很常见，在这里，熔化的、滚烫的岩浆会填满地壳裂缝。

实际上，接触变质作用能把三种类型的岩石混合在一起。岩浆冷却后会形成岩浆岩，它还可以加热周围的沉积岩，在岩浆岩和沉积岩之间形成一层变质岩。

石灰岩

大理岩

玄武岩

大理岩

石灰岩

你能在玄武岩和石灰岩中间找到大理岩，它们就像三明治一样夹在一起！

"三明治"？我都饿得皮包骨头了，我好饿……

咯咯

岩基是引发接触变质作用的另一个常见因素。这些巨大的岩体是岩浆在到达地表之前凝固形成的。

我说的巨大是真的超级大。最大的岩基可能重达1000万亿吨！

那是1000万个1亿，10^{15}，这个数字连我都难以想象。

设想一下，整个山脉之下居然藏着这么巨大的东西。它不仅会把山推得更高，而且还会把相邻几百米之内的所有岩石都烤熟！

和接触变质作用的条件完全相反，像蓝片岩这样的变质岩是在低温和高压条件下形成的。

呼！

阳光！我们不会变成骷髅了！

溶洞真刺激！

扑通

……

我在想岩石是不是也是这种感觉……

你在说什么？

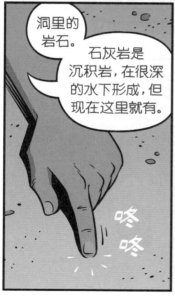

洞里的岩石。

石灰岩是沉积岩，在很深的水下形成，但现在这里就有。

咚咚

对哦！我们怎么在这么高的地方？

当大陆发生碰撞，岩石就只会移动几米吗？

既然你都这么说……

绝对不可能！高山在形成的过程中会把岩石往上推几千米呢！

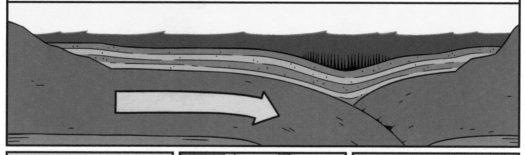

当一个大陆向另一个大陆移动时，它们之间移动的不仅是很多水和光秃秃的海洋地壳，还有好多层厚厚的沉积物。

沙滩、河口的岩石碎屑、海洋生物的外壳……它们堆积起来会形成大量的岩石。

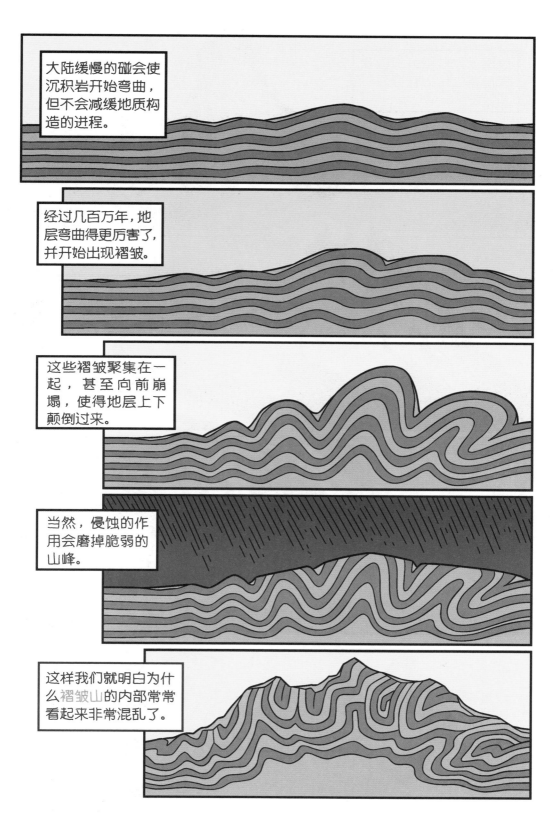

大陆缓慢的碰会使沉积岩开始弯曲，但不会减缓地质构造的进程。

经过几百万年，地层弯曲得更厉害了，并开始出现褶皱。

这些褶皱聚集在一起，甚至向前崩塌，使得地层上下颠倒过来。

当然，侵蚀的作用会磨掉脆弱的山峰。

这样我们就明白为什么褶皱山的内部常常看起来非常混乱了。

世界上一些巨大的山脉都是褶皱山，包括阿尔卑斯山脉……

落基山脉……

还有喜马拉雅山脉。

珠穆朗玛峰曾经待在海底哦！

哟！

你以为我们现在到达地面就能松口气了吗？岩石等的时间可比我们长多了。

蜗牛上天……

有些山不是被推起来的，
而是翻倒形成的。

两个板块分开时，伸展的地壳会断裂成不规则的几块。

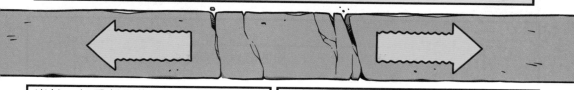

当然，如果断裂的岩块是完美的方块
形状，就能很好地保持平衡。

但是由于外形不规则，这些岩块就会向
一边倾倒。

哎哟!

沉积物聚集在地势低的一
侧，并把这一侧越压越深。

地幔上涌，将另一侧填充
推高，最终形成了山脉。

这些山脉形成了地球表面的隆起地带。

你大概能猜出火山是怎么形成的吧。

几十万年来，岩浆反复喷发，新的熔岩层不断地在旧熔岩层的顶部冷却，使火山越积越高。

冒纳罗亚火山从海底算起高9000多米，比珠穆朗玛峰的海拔还高呢！

我们走吧。那个溶洞真是累死我了。我好像把飞机停在了这附近，不过得走上一段路。

你"好像"？

噢，拜托。

我们可以通过相对年代测定法对比岩石，来回答你的问题。

地层叠覆律认为，年轻的岩石会在年老的岩石之上形成。

根据我们对沉积物和熔岩流的了解，这是有道理的。地层会一层层堆积起来。

不过也要小心！有时候，年轻的岩石也会被埋在年老的岩石下面。

我们差点就被埋起来了。

另一个是包覆原则……

该原则认为岩石总是比自己内部包含的物质年轻。

沉积物必定来自某个地方。

化石对测定年代很有帮助，特别是标准化石。它们曾经分布很广泛，出现不久就突然灭绝了。

如果三叶虫家族树的某一分支只存在于大约5亿年前到3.5亿年前，那么就能确定封存这些小家伙的岩石只可能在这1.5亿年之内形成。

而如果这个分支在存活的时候发生了很大的变化，那么它进化中的每一个阶段都会对应一段更加具体的时间。

375

400

425

450

475

500

分布广泛的生物会出现
在世界各地的岩石里。

无论板块怎么移动，
含有相同标准化石的
岩石一定是在同一时
期形成的。

地质示意图

化石年代重叠有助于
我们进一步缩小岩石
形成年代的范围。

通过这些方法，就能
知道岩石的相对年代——
这块岩石比内含某种化
石的岩石更古老。

我们能
了解得更具
体吗？

比如它们是在
几百万年前或几十
亿年前形成的？

要知道这些，我们就得回到过去，放大看看岩石的原子了。特别是铀和铅这两种元素的原子。

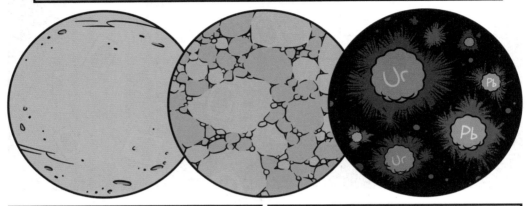

铀具有放射性。它会把自己的一部分质量转化为能量！

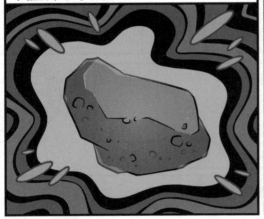

这个单向转化的过程使铀原子变成了没有活力的懒惰的铅原子。

我们知道这种原子转变的速度，因此只要测量出样本中每种元素的含量，就能计算出它的年龄。

当然，如果我们不知道样本中每种元素的初始含量，这种方法就没用了。

那么就要让坚固的锆石发挥作用了。

锆石形成的时候就不含铅，它不能忍受这种物质。

哼！

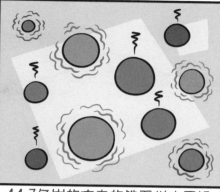

铀的半衰期，也就是它一半的量衰变需要的时间正好是44.7亿年。

44.7亿岁的古老的锆石样本里铅的含量与铀相等。

80%铀
20%铅
14亿年前

60%铀
40%铅
33亿年前

90%铀
10%铅
6.8亿年前

70%铀
30%铅
23亿年前

多亏使用了这些元素和其他元素的放射性同位素定年法，我们才可以把岩石形成的时间精确地追溯到几百万年前或几十亿年前。这样一来，相对年代测定法就变得更加有用了。

哇！

差不多和地球一样古老！

初始　　　10亿年前　　　20亿年前　　　30亿年前　　　40亿年前

结合我们了解到的哪些岩石在哪里形成的知识，就能知道地球曾经的样子。

大约1.4万年前，这里有个大湖。

大约9000万年前，这座山从海底被推起来。

大约4亿年前，这两块大陆是分开的。

而且我们还可以利用已经发现的岩石样本来预测地形可能的变化。

这里将会形成一个新的海洋。

有一天，这些海岸将会相遇。

这座火山将再次喷发。

岩石和矿物会比我们活得长得多。

人类存在的时间是最短暂的，在宇宙图书馆里只有寥寥几页而已，而一个人的一生就更短了。

呼噜

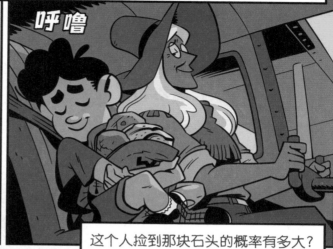

这个人捡到那块石头的概率有多大？这种特定的相遇几乎是不可能的。

在以一亿年甚至更长时间为尺度的宇宙中，人和石头一对一的接触概率远比发现黄金的概率更小。

明天有时间吗？

一大早就出发，去看一块我一直在关注的角砾岩。

不见不散！

一 词 汇 表 一

板块
地幔上的部分地壳。地球有7个主要板块和一些小板块。它们的运动和相互作用就是**板块构造**。板块扩散的边界称为**离散边界**，聚集在一起的边界叫作**汇聚边界**，而相对滑动的边界则称**转换边界**。

冰川
大面积的冰层，可以厚达几千米，覆盖整个大陆。它们具有超级强大的侵蚀力量。

大陆地壳
海平面之上大面积的地壳。大陆地壳在地球历史上曾经发生过多次碰撞，形成了单一的**超级大陆**。

地球的内部结构
地核是地球最里面的地层。它本身有两层：固态的**内核**和液态的**外核**。地幔分为3层，占据了地球的大部分质量。有柔韧性的固态岩石在这里发生对流。**地壳**是最外面薄薄的一层，由移动的固态板块组成。它是唯一一个人类能直接看到及采集样本的地层。

洞穴沉积物
被水留下的矿物沉积物组成了洞穴堆积物。它们有许多特殊的形状。

断层
地壳的断裂。**正断层**由地壳扩张引发，导致部分地壳下降。**逆断层**由地壳挤压引发，将部分地壳往上推。**走滑断层**由地壳的侧向运动引发。沿着断层突然释放出来的能量就是**地震**。

对流
上升的热物质和下沉的冷物质循环往复地流动。

放射性同位素定年法
确定岩石年龄的一种方法。它通过测量样品中不同放射性元素的含量来计算岩石的年龄。

风化作用
让表层岩石变得脆弱和破裂的过程。可以由粗暴的物理力量引发，如冻融循环和盐风化；也可以由酸雨或氧化作用引起微妙的化学变化；还可以是生物风化，由苔藓和树根等生物引发。

俯冲带
在被称作俯冲带的区域，海底古老、寒冷、密度大的地壳把自己拉到密度较小的地壳之下的过程。最终可以形成几千米深的海沟。

高山
一处有尖顶的广大地貌，比周围的地表高出很多。**褶皱山**是大陆碰撞推高形成的，**火山**是岩浆反复喷发形成的，而盆地和山脉是延伸出来的地壳上倾斜的部分。

化石
在岩石中保存下来的曾经存在的生物遗迹或痕迹。**标准化石**分布广泛，我们很容易确定它们形成的特定时间段，从而可以追溯全球板块运动。

火山
地壳上的一个洞，熔岩、火山灰和气体可以经由这里从地下的**岩浆房**里逃出。岩浆房内矿物混合物的不同导致了火山类型各不相同，如复式火山、盾状火山和火山渣锥。

矿脉
水在岩石的裂缝中循环时留下的某种矿物的浓缩沉积物。

矿物
单一化合物以可以预见的方式排列而自然生成的固体，它们有序、重复的结构形成了晶体。

密度
质量与体积的比率。如果很大的空间里只有一点点物质，那么物质的密度就不大；如果一个很小的空间里有很多物质，那么物质的密度就很大。

侵蚀作用

岩石发生磨蚀、破裂和散布的过程。风、水、冰川和重力会引发不同的侵蚀类型。由重力引起的侵蚀称为**块体作用**。

热点

人们认为它是地核—地幔边界上升的超热岩浆柱的顶部。这些热点形成了诸如夏威夷群岛这样的火山岛链。

山洞

岩石之中的一个相当大的空洞。**溶洞**是由沉积岩经过化学风化作用形成的，地表可能有洞口，也可能没有。

相对年代测定法

确定岩石年龄的一种方法。它通过将一种岩石的特征与其他岩石的特征相比较，来确定岩石的年龄。

岩浆

地下熔化的岩石。当它到达地表时，我们称之为熔岩。

岩石

矿物的固态集合体。**岩浆岩**是由来自地球深处炽热的岩浆在地下或喷出地表后冷凝形成的岩石。**变质岩**由另一种现成的岩石在高温和/或高压的条件下直接转化而来。如果现成的岩石下沉到地表深处，变质作用就可以通过掩埋来实现，或者如果有岩浆上升，岩石也可以通过接触岩浆受热而形成变质岩。**沉积岩**由地球表面的矿物沉积物形成。它们可以是由之前存在的岩石碎片形成的碎屑岩，也可以是由生物的残骸形成的生物化学岩，或者还可以是由曾经溶解在水中的矿物形成的蒸发岩。

元素

化学上指具有相同核电荷数的同一类原子的总称。它们是构成物质的基本单位，结合起来创造出了所有的物质。铜、银和金都是元素。